BEI GRIN MACHT SICH IHR WISSEN BEZAHLT

Die Bestimmung der Elementarladung

Constantin Sinowski

GRIN ☺

Bibliografische Information der Deutschen Nationalbibliothek:

Die Deutsche Nationalbibliothek verzeichnet diese Publikation in der Deutschen Nationalbibliografie; detaillierte bibliografische Daten sind im Internet über http://dnb.d-nb.de abrufbar.

ISBN: 9783346840578
Dieses Buch ist auch als E-Book erhältlich.

Druck und Bindung: Books on Demand GmbH, Norderstedt Germany
Gedruckt auf säurefreiem Papier aus verantwortungsvollen Quellen

Das vorliegende Werk wurde sorgfältig erarbeitet. Dennoch übernehmen Autoren und Verlag für die Richtigkeit von Angaben, Hinweisen, Links und Ratschlägen sowie eventuelle Druckfehler keine Haftung.

Das Buch bei GRIN: https://www.grin.com/document/1336653

Wirtschaftsingenieurwesen Digital Engineering & Management

Hochschule Fresenius onlineplus

Ersatzleistung

Mathematik und Naturwissenschaften
Die Bestimmung der Elementarladung

NAME: Constantin Sinowski

MODUL: Mathematik und Naturwissenschaften (M173)

ABGABEDATUM: 18.01.21

Inhaltsverzeichnis

1. Abbildungsverzeichnis

2. Tabellenverzeichnis

3. Abkürzungsverzeichnis

Einleitung

Im Rahmen der vorliegenden Facharbeit soll zunächst der Stand der Technik ermittelt werden und die Grundbegriffe (Elementarladung etc.) definiert werden. Es sollen dann mindestens 3 Methoden benannt und beschrieben werden, mit deren Hilfe man die Elementarladung direkt oder auch indirekt ermitteln kann. Dabei soll jedes Verfahren beschrieben werden durch Durchführung, Aufwand der Durchführung, mathematische Herleitung der Elementarladung über die einstellbaren Größen. Am Ende sollen die Verfahren untereinander verglichen werden unter dem Aspekt des Aufwandes und Durchführbarkeit.

1. Stand der Technik

Elektrizität ist im Alltag allgegenwärtig – jeder Haushalt erhält regelmäßig eine Strom-rechnung. Die dort in Rechnung gestellte „Ware" ist jedoch nicht der elektrische Strom, sondern die gelieferte elektrische Energie, die zum Beleuchten, Heizen, Kühlen oder für mechanische Arbeiten genutzt wurde. Wenn von elektrischem Strom gesprochen wird, ist im Allgemeinen die Stärke dieses Stromes gemeint, also die physikalische Größe elektrischer Stromstärke. Diese ist definiert als die Menge an elektrischer La-dung, die pro Zeitintervall durch den Querschnitt eines elektrischen Leiters fließt, geteilt durch die Länge des Zeitintervalls (Scherer & Siegner, 2016).

Im Jahr 1838 verkündete der britische Naturphilosoph Richard Lamping das Konzept einer unteilbaren Elementarladung um die chemischen Eigenschaften von Atomen zu beschreiben. Auch Maxwell's Theorie des Elektromagnetismus basiert auf diesem Wis-sen, welches die Grundlage für die moderne Physik geschaffen hat - besonders die der speziellen Relativität und der Quantenmechanik. [...] Im Jahr 1874 setzte sich George Johnstone Stoney für die Nutzung der Elementarladung als erste natürliche Einheit ein. Hier zu bemerken ist, dass zu dieser Zeit das Elektron als Träger negativer Ladung noch nicht entdeckt war. Erst im Jahr 1897 gelang es Thomson die Elementarladung experimentell zu bestimmen (Jeckelmann & Piquemal, 2019).

2. Definition Elementarladung

Elektrische Ladung wird immer von bestimmten Elementarteilchen in der Materie ge-tragen, von Elektronen und Protonen. Diese sind auch die wichtigsten Bausteine der Atome. Der Betrag dieser Ladung ist für beide Elementarteilchen gleich und wird Ele-mentarladung e_0 genannt. Als fundamentale Naturkonstante ist sie inzwischen unzähli-ge Male mit hoher Präzision ausgemessen worden. Kein Experimentator hat bisher eine kleinere Ladung zuverlässig beobachtet (Harten, 2014). Sämtliche elektrische La-dungen sind ein Vielfaches der Elementarladung, die nicht mehr unterteilbar ist. Seit dem Altertum ist bekannt, dass es zwei verschiedene elektrische Ladungen gibt, die man heute positive beziehungsweise negative nennt. Das Elektron trägt eine einfache negative Elementarladung der Größe $QE = e = -1{,}602 \cdot 10^{-19}$ As.

1 As = 1 C (Amperesekunde, Coulomb) ist die Einheit der elektrischen Ladung.

$6{,}2 \cdot 10^{-18}$ Elektronen stellen somit eine Ladung von -1 As dar. Ionen können mehrfa-che Elementarladung tragen und positiv oder negativ geladen sein. Die gesamte elek-trische Ladung, die ein Träger mit sich führt, nennt man auch Elektrizitätsmenge (Busch, 2015).

3. Millikan-Versuch

Der nach Robert Andrews Millikan (1868 - 1953) benannte und verbesserte Öltröpfchenversuch ist das bekannteste Experiment zur Bestimmung der elektrischen Elementarladung. Aufgrund der dadurch gewonnen Erkenntnisse erhielt Millikan im Jahr 1923 den Nobelpreis für Physik (Harten, 2014).

3.1. Durchführung

Um die Elementarladung zu bestimmen, maß Millikan die Steig- beziehungsweise Sinkgeschwindigkeit von geladenen Öltröpfchen in einem elektrischen Feld. Er ermittelte dabei einen Wert für die Elementarladung von

$$e = 4{,}774 \cdot 10^{-10} \text{ esu} = 1{,}592 \cdot 10^{-19} \text{ C}.$$

Mit einem Zerstäuber werden feinste Öltröpfchen erzeugt. Diese Öltröpfchen sind so klein (etwa $0{,}5\ \mu m$), dass man sie nicht einmal mit einem Mikroskop sehen kann. Daher verwendet man die Dunkelfeldbeleuchtung. Man beleuchtet die Tröpfchen mit Licht, das in einem bestimmten Winkel (ca. $150°$ zum Mikroskop) einfällt. Dadurch entstehen Beugungsscheibchen, die man im Mikroskop sehen kann. Zu beachten ist, dass im Mikroskop die Bewegungsrichtung eines Teilchens von oben nach unten vertauscht dargestellt wird.

Abbildung 1: Aufbau des Millikan-Versuchs

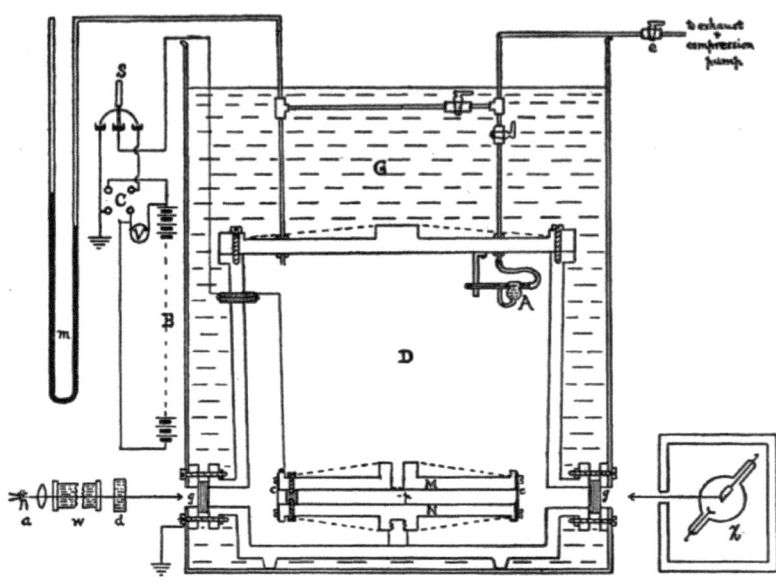

Aufbau des Öltröpfchenversuchs. **M** und **N**: Plattenkondensator, **A** Rohrbeugung zur Erhitzung, **w** Wasser, **d** Chlor, **D** Ver-suchsaufbau, **G** Bad aus Maschinenöl, **A** Atomisierer, **e** Ventil für gefilterte Luft, **p** Ionisierung der Luft, **g** Glasfenster, **D** Mes-singmodul, **c** Ebonitverschluss, **Xpa** Kennlinie (Millikan, 1913)

Wenn das Tröpfchen sinkt, sieht man das Beugungsscheibchen nach oben wandern und umgekehrt. Diese Öltröpfchen werden elektrischen geladen, bei Millikans historischem Versuchsaufbau geschah dies durch eine Röntgenröhre. Die Röntgenstrahlung lädt dann die Öltröpfchen elektrostatisch auf, tatsächlich genügt aber die Reibung der Öltröpfchen an der Luft, um diese aufzuladen. Anschließend bringt man diese Tröpfchen in einen Plattenkondensator. Auf jedes Tröpfchen wirkt nun die Gravitationskraft, die das Tröpfchen nach unten zieht, und die dem Archimedischen Prinzip entsprechende Auftriebskraft der Öltröpfchen in der Luft, die nach oben gerichtet ist. Werden die Platten des Kondensators horizontal montiert, so kann man durch Anlegen einer geeigneten Spannung an den Kondensator eine elektrische Kraft derart auf die Tröpfchen ausüben, dass diese die anderen beiden Kräfte kompensiert. Somit kann man geladene Tröpfchen zum Schweben bringen. In diesem Schwebezustand nicht bewegt, erfährt es keine Stokes'sche Reibung. Durch Lösung der Gleichung $F_E = F_G$ wäre die Ladung eines Öltröpfchens theoretisch bestimmbar. Dieses Verfahren ist allerdings nicht praktisch durchführbar, da die Beugungsscheibchen im Mikroskop keine Rückschlüsse auf den Radius eines Öltröpfchens zulassen.

Abbildung 2: Schematischer Aufbau des Öltröpfchenversuchs

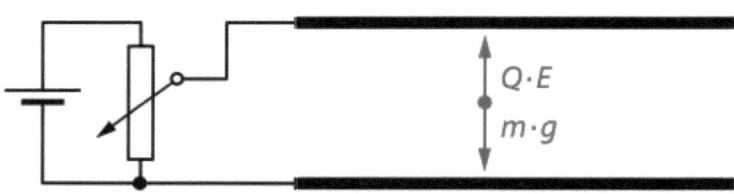

Ein Öltröpfchen wird von seiner Gewichtskraft $F_g = m \cdot g$ nach unten gezogen und wegen seiner Ladung q von der elektrischen Kraft $F_E = q \cdot E$ des elektrischen Feldes nach oben (Harten, 2014)

Um den Radius der Tröpfchen zu ermitteln, kann der Umstand genutzt werden, dass sich durch das elektrische Feld im Kondensator und die Gravitationskraft einerseits, andererseits durch die geschwindigkeitsabhängige Reibungskraft ein Kräftegleichgewicht einstellt, das zu einer konstanten Sinkgeschwindigkeit v_1 führt. Beim Erreichen einer bestimmten Stelle A wird das elektrische Feld bei gleichem Absolutwert der Spannung umgepolt. Dann steigt das Teilchen mit einer wiederum konstanten Geschwindigkeit v_2. Da sich die Öltröpfchen bewegen, wirkt nun zusätzlich eine Stokes'-sche Reibungskraft auf sie (Öltröpfchenversuch von R. A. Millikan, o. J.).

3.2. Aufwand der Durchführung

Für diesen Versuch werden zwei Plattenkondensatoren, eine Stromquelle, ein Spannungsregulator, Öl wie auch ein Mikroskop benötigt.

3.3. Mathematische Herleitung der Elementarladung

3.3.1. Physikalische Grundlagen
Gewichtskraft

$$\vec{F_g} = m \cdot g = \rho_{\text{Öl}} \cdot \frac{4}{3}\pi r^3 \cdot g$$

$$g = -9{,}81\frac{m}{s^2}$$

Auftriebskraft

$$\vec{F_A} = m_{Luft} \cdot g = \rho_{Luft} \cdot \frac{4}{3}\pi r^3 \cdot g$$

Elektrische Kraft

$$\vec{F_E} = \vec{F_g} - \vec{F_A}$$

$$\vec{F_E} = q \cdot E = q \cdot \frac{U}{d}$$

q = Ladung

$E = \dfrac{U}{d}$ = Feldstärke des durch den Plattenkondensator hervorgerufenes homogenes elektrisches Feld

U = angelegte Spannung am Kondensator

d = Plattenabstand im Kondensator

Reibkungskraft nach Stokes

$$\vec{F_R} = 6\pi \eta r v$$

η = Viskosität der Luft

r = Tröpfchenradius des als kugelförmig angenommenen Öltröpfchens

v = Tröpfchengeschwindigkeit

v_1 = Sinkgeschwinidkgeit des Öltröpfchens

v_2 = Steiggeschwinidkgeit des Öltröpfchens

3.3.2. Berechnung von Ladung und Radius

$$q = \frac{3\pi \eta r(v_1 + v_2)}{E}$$

$$r = \sqrt{\frac{9\eta(v_1 - v_2)}{4\rho g}} = 3\sqrt{\frac{\eta}{4\rho g}(v_1 - v_2)}$$

$$q = \frac{3\pi \eta \sqrt{\frac{9\eta(v_1 - v_2)}{4\rho g}}(v_1 + v_2)}{\frac{U}{d}} = \frac{9d\pi}{2U}\sqrt{\frac{\eta^3}{\rho g}}\sqrt{v_1 - v_2}(v_1 + v_2)$$

Da jedes Öltröpfchen aus einer größeren Anzahl von Atomen besteht und nicht nur eine, sondern mehrere Ladungen tragen kann, ist jede berechnete Ladung q eines Öltröpfchens ein ganzzahliges Vielfaches der Elementarladung. Zeichnet man die Ladungsverteilung vieler Versuche in ein Schaubild ein (s. Millikan, 1913), ergibt sich keine kontinuierliche Verteilung, sondern es können nur Vielfache der Elementarladung $e = 1{,}602 \cdot 10^{-19} C$ auftreten.

Eine einzelene Elementarladung auf einem Teilchen lässt sich nur dann beobachten, wenn die Spannung hoch genug ist, um gerade noch sichtbare Öltröpfchen mit einer Elementarladung im Schwebezustand zu halten (Öltröpfchenversuch von R. A. Millikan, o. J.).

4. Elektrolyse

Zur Messung der Stromstärke und zur Definition der entsprechenden physikalischen Einheit, des Ampere, können verschiedene Wirkungen des elektrischen Stromflusses herangezogen werden, wie ein Blick in die Historie zeigt: Leitet man Strom beispielsweise durch die Lösung eines Metallsalzes, werden die Metallionen entladen und das Metall scheidet sich an der Kathode ab (Scherer & Siegner, 2016).

Ionen im Wasser folgen einem von außen angelegten Feld ähnlich wie Elektronen im Draht. Beide müssen sich zwischen neutralen Molekülen hindurchdrängeln, bewegen sich also wie unter starker Reibung. Folglich treiben auch die Ionen mit konstanter, zur Feldstärke proportionaler Geschwindigkeit, sodass sich für sie ebenfalls eine Beweglichkeit definieren lässt. Sie bekommt meist den Buchstaben u statt des bei Elektronen üblichen μ. Die Ionen machen ihre Wirtsflüssigkeit zum Elektrolyten - also einem Lösungsmittel - und geben ihm eine elektrische, eine elektrolytische Leitfähigkeit. Ionen gibt es in vielerlei Arten und mit beiderlei Vorzeichen. Die positiven Ionen laufen zur Kathode und heißen darum Kationen, die negativen laufen zur Anode und heißen darum Anionen (Harten, 2014).

4.1. Durchführung

Grobe Verunreinigungen der Elektroden werden vorher unter Leitungswasser entfernt. Beide Elektroden werden dann mit destilliertem Wasser gereinigt, indem sie in der Wasserwanne geschwenkt werden. Dann werden die Elektroden (eventuell mit dem Fön) getrocknet und nacheinander auf der Präzisionswaage gewogen und ihr ursprüngliches Gewicht notiert. Nun werden sie so an den Stativen befestigt, dass sie sich zu etwa einem Drittel im Elektrolyt befinden, ohne Wände oder Boden der Wanne zu berühren. Das Amperemeter wird auf Gleichstrom im Bereich bis 0,6 A eingestellt. Die Spannung des Netzteils wird auf 6 V gestellt, die Stromstärke auf ca. 0,2 A. Dann wird das Netzgerät eingeschaltet, zeitgleich wird die Stoppuhr gestartet. Nach fünf bis zehn Minuten wird das Netzteil ausgeschaltet und die Stoppuhr gestoppt. Die vergangene Zeit wird notiert. Die Elektroden werden nun aus ihren Halterungen gelöst, im destillierten Wasser abgespült, (mit dem Fön) getrocknet und auf der Präzisionswaage gewogen. Das Gewicht beider Elektroden wird notiert. Dann werden die Elektroden wieder aufgehängt, in das Elektrolyt getaucht, das Netzgerät und die Stoppuhr erneut gestartet und die Prozedur ein bis zwei Mal wiederholt. Die eingestellte Stromstärke wird am Amperemeter genau abgelesen und notiert. Beim Umgang mit den Elektroden ist darauf zu achten, dass sie nicht mit bloßen Händen angefasst werden, damit keine Fettrückstände hinterlassen werden. Es empfiehlt sich, Handschuhe zu tragen. Weiterhin dürfen sie während des Versuchs auch keine mechanischen Stöße erfahren, um Abrieb zu vermeiden. Beim Wiegen und Wiederaufhängen der Elektroden ist eine Vertauschung der Pole zu vermeiden (Passchier, L. & PhySX - Physikalische Schulexperimente, 2019).

4.2. Aufwand der Durchführung

Für den Versuch werden folgende Materialien benötigt:

- zwei Glaswannen (nach Möglichkeit eher schmal und hoch)
- ca. 500 ml Silbernitratlösung ($AgNO_3$)
- ca. 500 ml destilliertes Wasser
- zwei Silberelektroden
- zwei Stative mit Halterung für Kabel
- Netzgerät
- Amperemeter
- drei Kabel
- Präzisionswaage
- Stoppuhr
- Fön (optional)

Abbildung 3: Schematischer Aufbau einer Elektrolyse

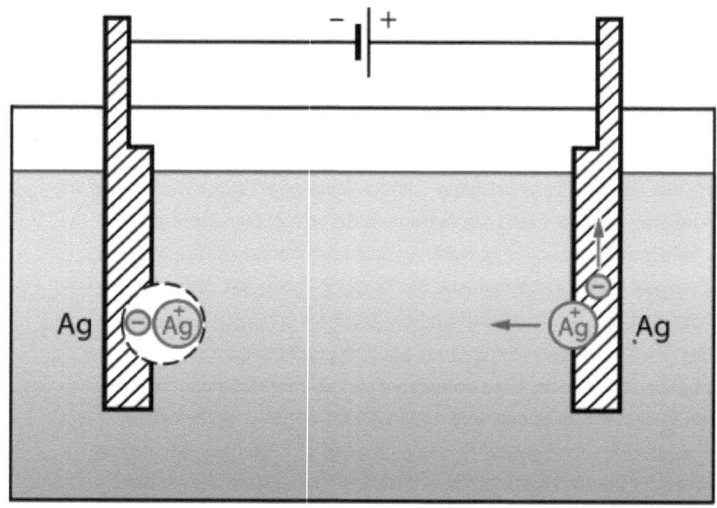

Elektrolytische Abscheidung von Silber aus wässriger Lösung von Silbernitrat. Ag+-Ionen gehen bei der Anode in Lösung und werden an der Kathode abgeschieden, während die entsprechende Ladung als Elektronenstrom durch den Metalldraht fließt (Harten, 2014)

In eine schmale, hohe Glaswanne wird das Elektrolyt (Silbernitrat) so hoch eingefüllt, dass die Elektroden sich zu mindestens einem Drittel in der Flüssigkeit befinden kön-nen, ohne den Boden oder die Wände der Wanne zu berühren. Die Silberelektroden werden auf zwei (der Übersichtlichkeit halber verschiedenfarbige) Kabel gesteckt, und diese jeweils an einem Stativ befestigt. Die Kabelbefestigungen sollten am Stativ beweglich sein, um das Anlegen und Abnehmen der Elektroden zu erleichtern. Die anderen Enden der Kabel werden nun mit einem Netzgerät verbunden, wobei zwischen dem positiven Zugang des Netzgeräts und der zugehörigen Elektrode (Anode) ein Amperemeter zwischenzuschalten ist. Das Netzgerät wird an eine Steckdose angeschlossen. Eine Präzisionswaage, eine Stoppuhr und optional ein Fön werden bereitgelegt. Eine zweite Glaswanne wird mit destilliertem Wasser gefüllt (Passchier & PhySX - Physikalische Schulexperimente, 2019). Wenn Silbernitrat als Elektrolyt verwendet wird, sollte beachtet werden, dass das Experiment in einem lichtgeschützten Raum durchgeführt wird. Statt Silbernitrat und den Silberelektroden kann auch eine Kupfersulfatlösung ($CuSO_4$) und Kupferelektroden verwendet werden.

4.3. Mathematische Herleitung der Elementarladung

Zwei Silberelektroden in einer wässrigen Lösung von $AgNO_3$ (Silbernitrat) dissoziieren praktisch vollständig in Ag^+ und NO_3^-. Im Endeffekt läuft der Stromtransport so ab, als werde er nur von den Ag^+-Ionen getragen. Vorhanden sind sie auch im Metall der Elektroden; bei der Anode können sie den Kristall- verband verlassen und in den Elektrolyten hinein- schwimmen. Sie werden dazu von der Spannungs- quelle ermutigt, die ja der Anode Elektronen entzieht, sodass diese versuchen muss, auch positive Ladungen loszuwerden. Umgekehrt schließen sich Ag^+-Ionen der Lösung dem Kristallgitter der Kathode an, weil sie hier von Elektronen erwartet werden, die der Leitungsstrom im Draht inzwischen angeliefert hat. Elektroneutralität im Elektrolyten muss gewahrtbleiben: Die Anzahlen gelöster Anionen (NO_3^-) und gelöster Kationen (Ag^+) ändern sich insofern nicht, als für jedes Silberion, das an der Anode in Lösung geht, ein anderes an der Kathode abgeschieden wird (Harten, 2014).

Ziel ist es, mit den gewonnen Daten aus dem Elektrolyseversuch (Massenänderung an Kathode und Anode, verstrichene Zeit, Stromstärke) und den Eigenschaften von Silber die Faradaykonstante zu bestimmen.

Bei der Elektrolyse gilt: Um ein Atom einer z-wertigen Substanz an einer Elektrode abzuscheiden, benötigt man die Ladung $Q = z \cdot e$.

Die molare Masse einer Stoffmenge n mit der Masse m ist per Definition: $M_{mol} = \dfrac{M}{n}$.

Um nun 1 Mol einer z-wertigen Substanz abzuscheiden, benötigt man die molare Ladung $Q_{mol} = z \cdot e_0 \cdot N_A$ mit der Avogadro-Zahl $N_A = 6{,}022141 \cdot 10^{23}$ mol^{-1}, die die Teilchenzahl pro Mol angibt.

Da die Faradaykonstante F definiert ist durch $F = e_0 \cdot N_A$, lässt sich das Verhältnis molare Ladung pro molare Masse schreiben als $\dfrac{Q_{mol}}{M_{mol}} = \dfrac{z \cdot F}{M_{mol}} = \dfrac{Q}{m}$.

Mit der bekannten Formel $I = \dfrac{Q}{t}$ folgt jetzt für die Faradaykonstante

$F = \dfrac{I \cdot t}{z \cdot m} \cdot M_{mol}$. So lässt sich F mithilfe der Versuchsergebnisse berechnen!

Mit der umgestellten Formel $e = \dfrac{F}{N_A}$ lässt sich daraus nun auch leicht die Elementarladung bestimmen (Passchier & PhySX - Physikalische Schulexperimente, 2019). Für Silber gelten außerdem die folgenden Werte: $M_{mol} = 107{,}868\,\dfrac{g}{mol}$ und z = 47.

Hinter diesen Überlegungen stehen die beiden Faraday-Gesetze. Das erste besagt: Die abgeschiedene Masse ist zur transportierten Ladung proportional $\Delta m \sim \Delta Q$; das zweite: Die abgeschiedene Masse ist zur molaren Masse der Ladungsträger proportional $\Delta m \sim M$ (Harten, 2014).

Mit Werten für I = 0,2±0,05 A, t = 600 s und m = 2±0,5 C ergibt sich:

$$e = \frac{F}{N_A} = \frac{\frac{I \cdot t}{z \cdot m} \cdot M_{mol}}{N_A}$$

$$= \frac{\frac{0{,}2\,A \cdot 600\,s}{47 \cdot 2 \cdot 10^{-19}\,C} \cdot 107{,}868\,\frac{g}{mol}}{6{,}022141 \cdot 10^{23}\,\frac{1}{mol}}$$

5. Einzelelektronentransport (SET)

Ein neues Kapitel in der elektrischen Metrologie begann mit der Entdeckung zweier elektrischer Quanteneffekte in der zweiten Hälfte des 20. Jahrhunderts: Zum einen sagte Brian D. Josephson im Jahre 1962 einen später nach ihm benannten Effekt zwischen schwach gekoppelten Supraleitern voraus. Dieser quantenmechanische Tunneleffekt führt bei Einstrahlung von Mikrowellen zur Ausbildung konstanter Spannungsstufen in der Spannungs-Strom-Kennlinie eines Tunnelkontakts. Diese Spannungsstufen wurden kurze Zeit später experimentell beobachtet und ermöglichen die Erzeugung fundamental genau bestimmbarer elektrischer Spannungswerte. Zum anderen fand Klaus v. Klitzing im Jahre 1980 bei der Untersuchung des Hall-Effekts in zweidimensionalen, also extrem dünnen Leiterschichten, in hohen Magnetfeldern B Stufen konstanten Widerstandes und damit eine Methode zur Realisierung quantisierter (also diskreter) Widerstandswerte. Dieser Effekt wurde später nach ihm benannt und ist auch als „Quanten-Hall-Effekt" bekannt.

Stromstärke kann damit bestimmt werden über das Zählen von Elektronen (Ladungsquanten mit der Ladung $-e$), die pro Zeiteinheit durch einen Leiter fließen. Für die Realisierung dieses „Quanten-Ampere" benötigt man daher eine elektrische Schaltung, die den kontrollierten Transport von einzelnen Elektronen (engl. Single-Electron-Transport, SET) ebenso ermöglicht. Geschieht dieser Transport zyklisch, getaktet mit der Frequenz f, und werden in jedem Zyklus n Elektronen befördert, so lässt sich die Stromstärke ausdrücken als $I = n \cdot e \cdot f$ (Scherer & Siegner, 2016).

5.1. Durchführung

In sehr kleinen elektronischen Schaltungen treten Effekte auf, die auf der abstoßenden Coulomb-Wechselwirkung zwischen Elektronen beruhen: Die Abstoßung zwischen Teilchen gleichnamiger elektrischer Ladung nimmt zu, wenn diese näher zusammengebracht werden. Werden Elektronen in Schaltungen sehr eng zusammen „eingesperrt", so äußert sich dies auch in deren elektronischen Eigenschaften: Die Elektronen können dann nur diskrete, voneinander separierte Energiezustände einnehmen. Das ist die Basis des sogenannten Coulomb-Blockade-Effekts, der in Einzelelektronen-Schaltkreisen ausgenutzt wird, um den Fluss einzelner Elektronen zu steuern. Neben extrem tiefen Temperaturen sind dazu auch extrem kleine Strukturgrößen von typischerweise 1 µm oder kleiner erforderlich. Zur Herstellung solch kleiner Schaltungen bedient man sich daher moderner Methoden der Nanotechnologie, wie sie auch beispielsweise für die Produktion hochintegrierter elektronischer Schaltkreise eingesetzt werden. Um den oben beschriebenen Effekt gezielt für Einzelelektronen-Schaltungen einsetzen zu können, muss man die Elektronen also in räumlich sehr kleinen Bereichen eines Leiters (sogenannten „Ladungsinseln", kurz „Inseln") „einsperren", genauer gesagt kontrollierbar lokalisieren. Dies wird durch Potentialbarrieren bewerkstelligt, die man mithilfe von Nanotechnologie senkrecht zur Stromrichtung erzeugen kann. Dabei unterscheidet man zwei Kategorien von Einzelelektronen-Schaltungen, die unterschiedliche Herstellungstechnologien erfordern und auf physikalisch unterschiedlichen Prinzipien beruhen. Die erste Kategorie von Einzelelektronen-Schaltungen basiert auf sogenannten Tunnelkontakten, also sehr dünnen Isolatorschichten, die Potentialbarrieren in einem metallischen Leiter darstellen. […] Die zweite Kategorie von Einzelelektronen-Schaltungen beruht auf der Verwendung von steuerbaren Potentialbarrieren in Halbleitermaterialien. Diese Potentialbarrieren werden elektrostatisch durch zwei negativ geladene Steuerelektroden erzeugt, die einen dünnen leitenden Steg kreuzen.

Abbildung 4: Steuerbare Potentialbarriere

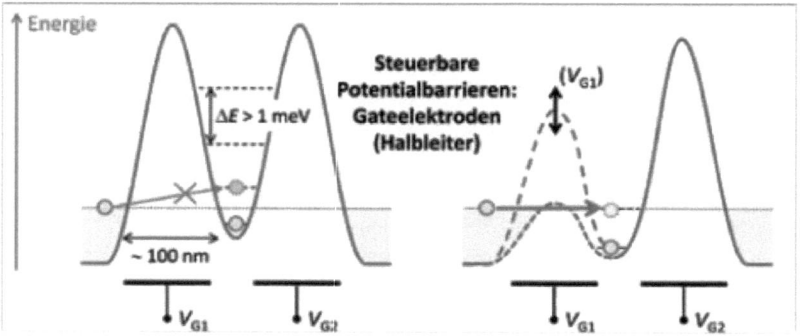

Zwei steuerbaren Potentialbarrieren. Diese werden durch elektrostatische Potentiale verursacht, die entstehen, wenn man an die zwei Steuerelektroden der Schaltung negative Spannungen VG1 und VG2 anlegt. Auch hier ist, wie unten links gezeigt, zunächst kein Fluss weiterer Elektronen auf die Insel möglich. Durch Absenken der Barriere (also durch Erhöhung der Span-nung VG1, unten rechts gezeigt) wird. Elektronentransport auf die Insel ermöglicht. Dadurch kann die Elektronenbesetzung der Insel kontrolliert verändert werden. Ist die Insel sehr klein, so bilden sich auch hier diskrete Energieniveaus aus: Nur be-stimmte Energiewerte in der Potentialmulde können durch jeweils ein Elektron besetzt werden, und man spricht von einem „Quantenpunkt" (engl. Quantum Dot). Der Coulomb-Blockade-Effekt tritt also auch hier auf (Scherer & Siegner, 2016)

Die Barrierenhöhen sind hier durch die Änderung der Gatespannungen variierbar. Die Insel, die sich als „Mulde" in der Potentiallandschaft zwischen den beiden Barrieren ausbildet, wird auch als „Quantenpunkt" bezeichnet. Durch die Gatespannungen kann die Besetzung des Quantenpunkts mit Elektronen kontrolliert werden. Zur Herstellung solcher Schaltungen werden ähnliche Methoden wie bei der Fabrikation moderner Feldeffekttransistoren eingesetzt. Diese beiden Typen von Einzelelektronen-Schaltungen unterscheiden sich nicht nur bezüglich der Herstellungstechnologie, sondern ganz wesentlich auch hinsichtlich ihrer Betriebsweise und Eigenschaften. […] Bei einer SET-Pumpe mit steuerbaren Potentialbarrieren wird die Höhe der linken Barriere mittels ei-

ner an die Gateelektrode angelegte Wechselspannung V_{G1} periodisch so moduliert, dass abwechselnd einzelne Elektronen von der linken Leiterseite kommend in dem „dynamischen Quantenpunkt" zwischen den Barrieren eingefangen und zur anderen Seite wieder ausgeworfen werden (Scherer & Siegner, 2016).

5.2. Aufwand der Durchführung

Zur Bestimmung der Elementarladung mithilfe einer steuerbaren Potentialbarriere in einer Einzelelektronenschaltung wird ein Labor mit einem Elektronenmikroskop und der Möglichkeit, eine Leiterplatine in Nanometergröße schematisch zu erstellen wie auch zu betreiben. Selbst nach Inbetriebnahme dieses Experiments, welches auf vielen vorherigen Erkenntnissen der Wissenschaft beruht und einige Fördergelder benötigt, können statistische Messfehler entstehen.

5.3. Mathematische Herleitung der Elementarladung

SET-Pumpen ermöglichen den kontrollierten Transport von einzelnen Elektronen und damit die quantisierte Stromerzeugung gemäß $I = n \cdot e \cdot f$. [...] Für höhere Stromstärken (als 1 nA = 10^{-9} A) werden auch in Zukunft Realisierungen des Ampere mithilfe von Quanten-Hall-Effekt und Josephson-Effekt (über das Ohm'sche Gesetz $I = \dfrac{U}{R}$) besser geeignet sein.

$$I = n \cdot e \cdot f$$
$$I \cdot \frac{1}{e} = n \cdot f$$
$$e = \frac{I}{n \cdot f}$$

Diese beiden in der elektrischen Metrologie bereits lange etablierten Quanteneffekte erhalten durch die Neudefinition des SI sogar noch größere Bedeutung: Da neben dem Wert für e im neuen SI auch der Wert für $\hbar$ festgelegt wird, werden Josephson-Spannungsnormale das SI-Volt (basierend auf $K_J = \dfrac{2e}{\hbar}$) und Quanten-Hall-Widerstände das SI-Ohm (basierend auf $R_K = \dfrac{\hbar}{e^2}$) realisieren.

Neben der direkten Ampceredarstellung mittels SET-Pumpenschaltungen ist dann auch die indirekte Darstellung mit einem Josephson-Spannungsnormal und einem Quanten-Hall-Widerstand SI-konform (Scherer & Siegner, 2016).

6. Neudefintion des Internationalen Einheitensystems (SI)

Im zukünftigen SI wird der numerische Wert der Elementarladung e in der Einheit „Coulomb gleich Ampere mal Sekunde" (1 C = 1 As) festgelegt.

Abbildung 5: Das internationale System der Einheiten

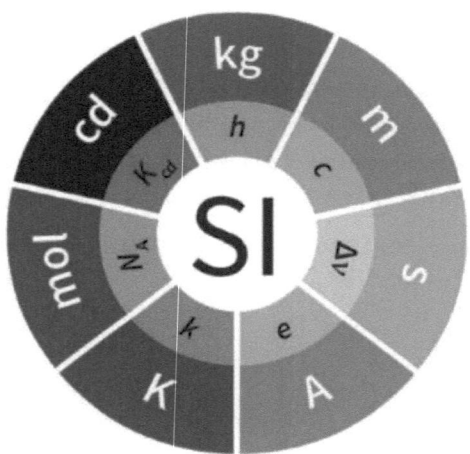

SI mit den Basiseinheiten (innen), auf denen die bekannten SI-Einheiten (außen) aufbauen (Jeckelmann & Piquemal, 2019)

Bei der Festlegung der Zahlenwerte der definierenden Konstanten wird darauf geachtet, dass die Größenunterschiede zwischen den „neuen" Einheiten und denen des „alten" SI möglichst klein ausfallen. Bei den elektrischen Einheiten wird die SI-Neudefinition allenfalls zu sehr kleinen Änderungen in der Größenordnung von einem Teil in 10 Millionen führen; der Anschluss an die „alten" Einheiten wird also ohne große Sprünge erfolgen. Daher ist sichergestellt, dass die Stromrechnung des Energieversorgers sich durch die Neudefinition des Ampere nicht ändern wird (Scherer & Siegner, 2016).

7. Vergleich der Versuche

Die Elementarladung wird bei allen drei Versuchen bestimmt, jedoch mithilfe unterschiedlicher Ansätze und Umgebungsvariablen. So wird beim Millikan-Versuch die gravitative Geschwindigkeit eines Öltropfens gegenüber dem magnetischen Fluss des umgebenden elektromagnetischen Feldes wie auch der Luftreibung gemessen während bei einer Elektrolyse die Faraday-Konstante über die Anzahl von Teilchen über den zeitlichen Verlauf der Stromstärke im Zusammenhang mit der molekularen Masse des verwendeten Metalls und dem anteiligen Faktor der Avogadro-Konstanten bestimmt. Bei einer Einzelelektronenschaltung wird die Elementarladung mithilfe der Stromstärke, Anzahl und Frequenz an transportierten Teilchen bestimmt.

Der historische Versuch von Millikan hat Grundlagen wie auch vorherige wissenschaftliche Erkenntnisse benötigt. Damit die Elementarladung in Öltröpfchen bestimmt werden konnte, benötigte es einerseits die Hypothese über eine solche unteilbare Ladung, das nötige Wissen über Gravitation, Elektrik, Chemie, die Faradaykonstante und Messtechniken wie auch die nötige Finanzierung für die Röntgenröhre, die Plattenkondensatoren, Wannen, das Öl und den Zeitaufwand, sowie einige Iterationen im Versuchsaufbau um aussagekräftige Ergebnisse zu erzielen. Zudem hat Millikan den Versuch mehr als 20-mal über den Verlauf von mehreren Tagen und Wochen zu unterschiedlichen Tageszeiten und Umweltbedingungen wiederholt.

$$e = q = \frac{3\pi\eta\sqrt{\frac{9\eta(v_1 - v_2)}{4\rho g}}(v_1 + v_2)}{\frac{U}{d}} = \frac{9d\pi}{2U}\sqrt{\frac{\eta^3}{\rho g}}\sqrt{v_1 - v_2}(v_1 + v_2)$$

Durchführbar ist die Elektrolyse mit Ressourcen, welche zur heutigen Zeit im Einzelhandel verfügbar sind. Zugleich liefert der Versuch - welcher sich elektrochemische Prozesse zu Nutze macht, um kleinste Ladungen zu bestimmen - am Tag des Experiments Ergebnisse. Diese Werte sind jedoch meist ungenau und im Zweifel sollte auf den Wert für e aus entsprechender Fachliteratur zurückgegriffen werden.

$$e = \frac{F}{N_A} = \frac{\frac{I \cdot t}{z \cdot m} \cdot M_{mol}}{N_A}$$

Eine gebündelte Summe an Wissen, Vorarbeit und Finanzierungen ist auch nötig, um eine Einzelelektronenschaltung zu erdenken und zu realisieren. Dafür bietet diese Messung ein Ergebnis, welches auf mehrere Nachkommastellen genau ist und so eine natürliche Konstante als solche darstellen kann.

$$e = \frac{I}{n \cdot f}$$

8. Zusammenfassung

Durch die Arbeit von Millikan am Öltröpfchenversuch konnte die Elementarladung zum ersten Mal in der Geschichte mit einer sehr geringen Ungenauigkeit bestimmt werden. Die Durchführung benötigte einigen Aufwand bezüglich der Finanzierung und der aufgebrachten Zeit, die Testreihen zu wiederholen und kleinste Differenzen im Aufbau ausfindig zu machen. Mit der Elektrolyse konnte die Erkenntnis über eine unteilbare Ladung einige Dekaden später bestätigt werden. Die Wiederholung dieses Experiments ist im 21. Jahrhundert kostengünstig und liefert innerhalb eines Tages verwendbare Werte - welche aber aufgrund verschiedenster Messfehler ungenau sein können. Neueste Entwicklungen im Bau von Platinen und elektrotechnischen Schaltungen wie auch Messgeräten im Bereich der Nanometer haben den Weg für den Einzelelektronentransport geebnet. Der Aufwand und die Durchführung für diese Messung benötigt das spezialisierte und angewandte Wissen aus mehreren Fachbereichen wie auch entsprechende Finanzierung. Durch die gezielte Sendung und Messung von einem einzelnen Elektron durch einen speziellen Tunnel mit steuerbaren Potentialbarrieren können die Eigenschaften der Elementarladung sehr genau bestimmt werden. Die Elementarladung kann mit der Planck-Konstanten $\hbar$ nun aufgrund der Bestimmbarkeit auch als Naturkonstante verwendet werden. Daher können beide Werte im neuen Internationalen System der Einheiten zur Bestimmung des Amperes, des Volts und des Widerstands verwendet werden.

9. Fazit

Die Bestimmung der Elementarladung durch Millikan diente als Grundlage zur weiteren Erforschung der Elektrizität, Elektrotechnik, Elektrochemie und damit verbundener Eigenschaften von Materialien. Die Erkenntnis konnte mit weniger Aufwand über die Elektrolyse wiederholt und bestätigt werden. Zur exakten Bestimmung dient der modernen Wissenschaft die Zählung von einzelnen Elektronen in einer nanoskopischen Schaltung bei einem Einzelelektronentransport in steuerbaren Potentialbarrieren. Dies beschränkt die Messfehler auf weniger als ein Milliardstel, sodass bei der Elemtarladung von einer Naturkonstanten gesprochen werden kann. Aufgrund dieser Erkenntnis wurde das System der Internationalen Einheiten überarbeitet, sodass das Ampere auf der kleinsten Ladung beruht.

10. Literaturverzeichnis

Amt für Standardisierung, Meßwesen und Warenprüfung, Bundesamt für Eich- und Vermessungswesen, Eidgenössisches Amt für Maß und Gewicht, Physikalisch-Technische Bundesanstalt (1977) Einheiten außerhalb des Internationalen Einheitensystems. Vieweg+Teubner Verlag, Wiesbaden. https://doi.org/10.1007/978-3-322-86478-9_4

Busch, R. (2015). Elektrotechnik und Elektronik. Elektrotechnik und Elektronik. doi:10.1007/978-3-658-09675-5

Eifler, G. (2018). Überall im Spiel – ohne Elektrotechnik. Elektrotechnik für Wirtschaftsingenieure.

Öltröpfchenversuch von R. A. Millikan. (o. J.). Verfügbar unter: https://www.chemie.de/lexikon/Millikan-Versuch.html (27.11.2020).

Harten, U. (2014). Physik (6. Auflage). Springer Vieweg. doi:10.1007/978-3-642-53854-4

Jeckelmann, B. & Piquemal, F. (2019). The Elementary Charge for the Definition and Realization of the Ampere. Annalen der Physik, 531 (5). doi:10.1002/andp.201800389

Millikan, R. A. (1913). On the elementary electrical charge and the Avogadro constant. Physical Review. doi:10.1103/PhysRev.2.109

Oliveira de Sousa, J. (2018). Naturvorgänge erklären in der Sprache der Mathematik. Mathematik und Naturwissenschaften.

Passchier, L. & PhySX - Physikalische Schulexperimente. (2019). Bestimmung der Elementarladung. Verfügbar unter: https://www.physikalische-schulexperimente.de/physo/Bestimmung_der_Elementarladung_mithilfe_der_Elektrolyse (30.11.2020).

Scherer, H. & Siegner, U. (2016). Elektronen zählen, um Strom zu messen. PTB - Mitteilungen Forschen und Prüfen, 126 (2), 53–61.

BEI GRIN MACHT SICH IHR WISSEN BEZAHLT

- Wir veröffentlichen Ihre Hausarbeit,
  Bachelor- und Masterarbeit

- Ihr eigenes eBook und Buch -
  weltweit in allen wichtigen Shops

- Verdienen Sie an jedem Verkauf

Jetzt bei www.GRIN.com hochladen
und kostenlos publizieren